BEI GRIN MACHT SICH IHR WISSEN BEZAHLT

- Wir veröffentlichen Ihre Hausarbeit, Bachelor- und Masterarbeit

- Ihr eigenes eBook und Buch - weltweit in allen wichtigen Shops

- Verdienen Sie an jedem Verkauf

Jetzt bei www.GRIN.com hochladen und kostenlos publizieren

Johannes Schulz

Bodennutzung und Klima in der kleinen Eiszeit

GRIN Verlag

Bibliografische Information der Deutschen Nationalbibliothek:

Die Deutsche Bibliothek verzeichnet diese Publikation in der Deutschen National-
bibliografie; detaillierte bibliografische Daten sind im Internet über http://dnb.d-
nb.de/ abrufbar.

Impressum:

Copyright © 2007 GRIN Verlag GmbH
Druck und Bindung: Books on Demand GmbH, Norderstedt Germany
ISBN: 978-3-640-14010-7

Technische Universität Dresden, Philosophische Fakultät

Institut für Geschichte, LS für Sächsische Landesgeschichte

Hauptseminar: Umwelt- und Klimageschichte Mitteldeutschlands in Mittelalter und Früher

Neuzeit

Wintersemester 07/08

Bodennutzung und Klima in der kleinen Eiszeit

Vorgelegt von:

Johannes Schulz

LA MS Ge/Ge6 (6. / 8. Semester)

Abgabedatum: 20.05.2008

Inhalt

1. Einleitung

Die Arbeit versucht eine Brücke zwischen dem Phänomen der „kleinen Eiszeit" von und der Entwicklung der Bodennutzung zu schlagen. Die spezielle Abhängigkeit dieser beiden Parameter lässt sich nur schwer einzeln herauskristallisieren, wie sich noch zeigen wird. Gerade die viel besagte Theorie der Malthusianischen Krise spricht eine andere Sprache. Insofern soll es gelingen, dem Faktor Klima seinen Stellenwert in dem von vielen Variablen bestimmten Gefüge der Bevölkerungsentwicklung bzw. der Bodennutzung beizumessen.

Christian Pfister hat auf diesem Gebiet hervorragende disziplinübergreifende Forschungsarbeit geleistet, so dass die Schweiz vorerst das am besten untersuchte Gebiet ist. In vielen Fällen betrachtet diese Arbeit Stückwerk von verschiedenen Autoren und versucht daraus eine Vogelperspektive entstehen zu lassen, die allgemeine Aussagen zulassen, den Einzelfall jedoch unberücksichtigt lassen.

Zunächst wird die theoretische Herangehensweise vorgestellt. Nach einer Begründung des ausgewählten Zeitraumes und der Begriffsklärung „günstiger" und „ungünstiger" Jahre nähert sich der Text dem Kernproblem: der Menschlichen Reaktion auf die Kapriolen des Klimas. Denn besonders während der „kleinen Eiszeit" kann man von Kapriolen sprechen, die für bestimmte Jahre verheerenden Charakter angenommen hatten.

1.1. Denkmodell für die Untersuchung – Menschliches Handeln in der Umwelt

Es sind in der jüngeren Wissenschaft verschiedene Verhaltensmodelle des Menschen in Bezug auf seine Umwelt erarbeitet worden. Besonders das possibilistische Modell nach Paul Vidal de la Blache (1845 – 1918), der unterschiedlichen Lebensformgruppen von Menschen – z.B. Landwirte -, die „genres de vie" auf ihre aktiven raumwirksamen Handlungen hin untersuchte.

Der Focus der Betrachtung lag dabei auf der Wahlfreiheit des menschlichen Willens[1], welcher jedoch durch von der Natur gesetzten festen Rahmenbedingungen, den physischen Möglichkeiten und Grenzen des Raumes, in seinen Entscheidungen beeinflusst wird. So werden regionale landwirtschaftliche Strukturen, auf die ich weiter unten zu sprechen komme,

---

[1] HEINEBERG S. 23

3

als „Ergebnis einer aktiven, freien, also possibilistischen Anpassung an die Naturräume"[2] interpretiert. Die Formulierung schließt eine Veränderung der natürlichen Rahmenbedingungen grundsätzlich nicht aus.

Dieses Denkmodell muss Pate stehen, will man sich die Nutzung der Landschaft bzw. des Bodens durch den darin handelnden Menschen als Funktion des Klimas als Unterform der natürlichen Rahmenbedingungen untersuchen.

Wetterphysiologische Einflüsse im weitesten Sinne können freilich nur eine von vielen Variablen sein, die den Menschen in seinen landschaftsbezogenen Handlungen umgeben. Die Vertreter der auch aus Frankreich stammenden „Annales-Schule" [3] um die Mitte des 20 Jahrhunderts fanden in der Fluktuation des Klimas einen geeigneten initialen Grund für die weltweit ähnlich verlaufende demographische Entwicklung. Fehlten den Vertretern wie Braudel (1949, 1979) oder Mols (1979) noch die meteorologischen Beweise für die Hypothesen, war dennoch die starke Abhängigkeit der mittelalterlichen und frühneuzeitlichen Gesellschaft von Witterungseinflüssen argumentiert worden.

Dem muss hinzugefügt werden, dass der Mensch fortlaufend neue Rahmenbedingungen für das Wirtschaften mit Boden schafft, sei es neue raumwirksame Techniken wie den Beetpflug oder die Annäherung an ökonomische bzw. demographische Grenzen.

1.2. Die Korrespondenz zwischen Klima und Bevölkerung

Wir finden nun aber im 20. Jahrhundert neben dem Klima weitere Erklärungsmuster, die den periodischen Schwund an „Bevölkerungsüberschüssen" zu erklären versucht.
Für das 16. bis 18. Jahrhundert belegte Mols (1979), dass die Kongruenz zwischen Klimagunst und Bevölkerungswachstum an dem engen Nahrungsspielraum dieser Zeit liegt. Die Landwirtschaft hatte die Tendenz, auf einen steigenden bedarf an Nahrungsmitteln infolge des Bevölkerungswachstums gegen Ende des 13. oder 16. Jhts. mit dem Ausdehnen der kultivierten Flächen zu reagieren.[4] Zwar wuchs die Landwirtschaft allen voran in die

---

[2] Ebd. S. 23 nach G. Hard 1973 S. 195
[3] PFISTER S. 16
[4] „Die expansive Ausbreitung der wirtschaftlichen Kultur zur Zeit der germanischen Kolonisation hatte im XIV. Jh. ihren Höhepunkt erreicht. Seitdem machte sich schon eine intensivere Ausnutzung des Bodens bemerkbar." KRETSCHMER S. 498

Breite, doch fand auch, wie W. Abel herausstellt[5], eine Vertiefung (intensivierung) derselben statt. Mit der Einführung der Dreifelderwirtschaft – Im Vergleich zur Feldgraswirtschaft eine Steigerung um etwa 15 bis 50%[6]. Die zwanzigmonatige Brachezeit in drei Jahren war ausreichend für die Erholung des Ackers. Einen Stickstoffaufbau durch Leguminosen kannte man nicht. Allerdings brachte die Beweidung mit dem Zugvieh – meist Ochsen und Kühe – einen gewissen Eintrag an Dung.

Der britische Nationalökonom Robert Malthus (1766-1834) bemühte in seinem berühmte „Essay on the Principles of Population" (1798) die These, dass durch das relative Ungleichgewicht im Wachstum der Bevölkerung (geometrisch) – als abhängige Variable – zum Wachstum der Produktion (arithmetisch) – als unabhängiger Variable – regelmäßig zu Hungerkrisen führen musste, die das Gleichgewicht zwischen Produktion und Bevölkerungszahl gleichwohl wiederherzustellen vermochten. In diesem Fall wird von einer Malhusianischen Krise gesprochen.[7] Behringer[8] macht die Einschränkung, dass der „genaue Zeitpunkt der Krise nicht nur durch innergesellschaftliche Enticklungen bestimmt [war], sondern auch durch das Klima."

Diese Theorie, die schon um 1800 entwickelt worden ist hat ihren Geltungsbereich laut Hansjörg Küster[9] „immer wieder im ausgehenden Mittelalter und in der frühen Neuzeit. Sie ähneln sich so stark [...]"[10]

Nach dem krisenbedingten Zusammenbruch der gesellschaftlichen ökonomischen und demographischen Verhältnisse näherte sich die „menschliche Populationen nach dem ökologischem „Grundgesetz" nicht anders zu erwarten – stabilen Verhältnissen"[11]

Boserup[12] (1965) findet in der Intensität der Bodennutzung einen Faktor für die relative Unabhängigkeit von klimatischen Einflüssen. Diese wird durch Bevölkerungswachstum zwar stimuliert, die deutlichste Emanzipation von Umwelteinflüssen durch die Verbesserung des

---

[5] ABEL: "Massenarmut und Hungerkrisen.."
[6] KÜSTER S. 181 - 186.
[7] Die Krisen im 14. Jh., Mitte des 16. Jh. und 1800 gehorchen den Paradigmen von Malthus.
[8] BEHRINGER S. 150
[9] KÜSTER S. 246
[10] Küster gibt das Klima nicht als Ursachenfaktor an:
An der Küste kommt es zu Deichkatastrophen, durch den enormen Holzbedarf waren die Städte von Energiekrisen bedroht, Hungersnote werden von Heuschreckenschwärmen hervorgerufen (wobei das Klima hier unmittelbaren Einfluss nimmt) oder von schlechten Ernten durch Frost usw. , Erosionsschäden durch Plaggenhieb und intensive Beweidung, Wehsandflächen und Wanderdünen, Die hygienischen Verhältnisse in den Städten waren katastrophal weil verunreinigtes Trinkwasser aus den Seen entnommen wurde. Letztendlich brachte die Pest größtes Unheil und wurde zumindest für das ausgehende Mittelalter zum sichtbarsten Ausdruck der Krise.
[11] KÜSTER S. 246 aus ökologischer Sicht regulierten auch Kriege die Population (30 jähriger Krieg)
[12] ESTER BOSERUP (1965), The conditions of agricultural growth.

Wirkungsgrades mit intensiverem Kapitaleinsatz auf dem Gebiet der westlichen Industriestaate findet dennoch erst im 18. Jh. im Zuge der Agrarrevolution statt. Ab dieser Zeit beginnt sich die Entwicklung der Ernten relativ von den klimatischen Phänomenen abzukoppeln.

1.3. Begründung des zeitlichen Rahmens

Für diese Untersuchung ist es nahezu unmöglich, für die Zeit nach 1700 Aussagen zu treffen, die auf der Abhängigkeit der langfristigen landwirtschaftlichen Ergebnisse von klimatischen Einflüssen beruht. Zu stark wäre das klare Bild[13] durch Interferenzen gestört, die die neuen Bewirtschaftungsmethoden im Zeitalter der Aufklärung in den Getreidescheunen hinterlassen. Rückschlüsse die sich erlauben den Faktor Klima exklusiv heranzuführen sind nicht mehr praktikabel.

Es muss also ein Zeitraum vor der Agrarrevolution im 18. Jahrhundert gewählt werden, damit die Korrelation zum Klima und Wetter noch vorhanden ist.

Doch allzu weit erlaubt die Quellenlage nicht zurückzublicken, da die Sicht in weiter vergangene Epochen trüber wird. Das ist auch nicht nötig, findet man doch von 1500 bis 1700 einen anschaulichen Rahmen für die Entwicklung einer Bevölkerung an ihre jeweilige Bedarfs-Ertragsgrenze mit finaler Klimaschwankung und deren Auswirkungen.

1.4. Der enge Nahrungsspielraum

Über 70 % der Bevölkerung waren in der Landwirtschaft tätig, Die Bodenbewirtschaftung war vor den bezeichnenden Krisen im 15. und ende des 17. Jhts. enorm arbeitsintensiv.
Dennoch war die Produktivität des Ackerbaus nach heutigen Maßstäben gering. Pro Flächeneinheit wurde ein sehr kleiner Ertrag erwirtschaftet.

---

[13] Vor der Agrarrevolution. Besondere Beachtung gilt der Entwicklung von chemischen Düngemitteln, Landwirtschaftlichen Maschinen und nicht zuletzt dem Einsatz von bodenaufbauenden Früchten.

Für die Menge an eingesätem Getreide erntete man etwa die dreifache[14] Menge. Wenn eine Familie mit 3 ha Land also 100 kg einsäte, waren also 200 kg pro Anbauperiode für den Verbrauch bestimmt.

Nach heutigen Maßstäben ist das unzureichend aber für die Bevölkerung des ausgehenden Mittelalters nicht weiter problematisch, denn der Bedarf an Nahrungsmitteln pro Flächeneinheit war bei der dünnen Besiedlungsdichte so gering, dass eine weniger intensive Bodenbearbeitung noch ausreichend war.

Der Einsatz von Kapital war bis weit ins 18. Jh. nicht üblich, weil zunächst das notwendige Wissen fehlte, neue Techniken zu nutzen. Mit dem entsprechenden Wissen hatte sich der Stand des Fortschritts dennoch nicht maßgeblich verbessert, da der Einsatz von Kapital – Wenn es denn zu kleinen Kreditvergaben in dieser Branche – nicht üblich war. Es gab außerdem kaum Banken. Solche Kredite kamen lediglich als Erhaltungsmaßnahme nach schlechten Ernten in Frage und spiegelten so das existenzielle Minimum wieder.[15] Damit wurde im Ernstfall Getreide gekauft, um sich zu ernähren bzw. für die Aussaat.

Für produktive Investitionen aus eigener Kraft war der Bauer nicht im Stande, produzierte er doch zum größten Teil für den Eigenverbrauch und die Abgaben an den Lehnsherrn. Es lag somit in der Hand des Lehnsherren, wie stark er seinen Hintersassen Produktionsmittel zur Verfügung stellte, die über das übliche Maß der Betriebserhaltung hinausgingen.

„...war der Stand der Landwirtschaft gegen Ende dieser Periode (14-15. Jh.) kein glänzender und besonders wurde es dem Bauern nicht möglich, die Vorzüge des Fortschrittes recht zu genießen. Die ewig geldbedürftigen weltlichen und geistlichen Herren sogen ihn systematisch aus."[16]

Ebenso war die Bodenpolitik so restriktiv und starr angelegt, dass Verbesserungen nicht ohne weiteres Einzug in die Nutzung halten konnten. Die Bewirtschaftung der Fläche zum Beispiel unterlag der Entscheidung der ganzen Dorfgemeinschaft, einzelne Parzellen wurden im Rotationsprinzip weitergegeben und auf Zeit bewirtschaftet. Raum für private Dispositionen gab es in diesem Sinne genauso wenig, wie es privates Eigentum an Grund und Boden gegeben hat.

---

[14] ABEL S. 17 (3 Epochen) Ein Hof mit 3 ha bewirtschafteter Fläche in Norddeutschland kommt auf einen Ertrag von 1500 kg bei einer Aussaatmenge von 600 kg. Durch die Plaggendüngung ist der Wert bei diesem Beispiel wahrscheinlich überdurchschnittlich groß.
[15] Vgl. PFISTER (gelb) S. 12 „In Notzeiten stellte die Aufnahme von Krediten auf den Boden ein letztes Mittel dar, um den sozialen Absturz zu vermeiden"
[16] KRETSCHMAR S. 498

Allerdings war die an alten Traditionen festhaltenden Bewirtschaftungsformen, die kein Produktivitätswachstum ermöglichten, auch dem Bedürfnis der Gesellschaft nach Versorgungssicherheit geschuldet. Weniger die bis in die frühe Neuzeit reichende generelle Angst vor Neuerungen, sondern mehr die Übervorsicht gegenüber Versorgungsenpässen nach Ernteausfällen, wie sie jeder Zeitgenosse durchlebt hatte, ließen die Menschen in alten Strukturen verharren. Nach der Erfahrung der alten brachte ein kleiner Acker wenig, und ein großer Acker viel Getreide in die Scheune. Dieses Denken wurzelte so tief, dass auf Neuerungen, die die Reduktion des Ackerlandes forderten auf Unglauben oder Ablehnung trafen. Die sichere Versorgung hatte oberste Priorität und mögliche Risiken wurden eher versucht zu streuen als sie bewusst einzugehen. Das belegt „ein breites Spektrum der angebauten Kulturpflanzen [wie die] gartenbeetgrossen Getreideäcker in klimatisch ungünstigen Lagen im Berggebiet, den Einbezug archaischer Getreidesorten wie Einkorn und Emmer in die Fruchtfolge oder das Festhalten an weniger produktiven, aber robusten Tierrassen"[17].

Die Anbauform der Dreifelderwirtschaft produzierte zu wenig Mist, und reichte in schlechten Jahren teilweise nicht einmal, um dem Vieh ausreichend Winterfutter zur Verfügung stellen zu können. Mist war ein teures Gut, so dass unterwegs verlorener Dung nicht einfach liegen gelassen wurde, sondern eingesammelt und mit in den heimischen Stall getragen wurde. Streitfälle, in denen die Verwendung des auf fremden Boden gefallenen Kuhdunges behandeln, bezeugen die Knappheit dieses Rohstoffes.

Auch die dörfliche Gemeinschaft leistete Ihren Beitrag zum Bestand der landwirtschaftlichen Strukturen. Mit dem Flurzwang, den durch den Dorfschulze überwacht wurde, und dem sich jeder Bauer unterordnen musste, um Nachteile für die ganze Gemeinschaft zu verhindern, konnten erstens ertragssteigernde Methoden nicht eingebracht werden, und zweitens war dem Einzelnen Bauern keine unabhängige, flexible Methode bzw. Bearbeitungsform z.B. als Reaktion auf Wind und Wetter nicht möglich.[18] Die gesamte Flur eines Dorfes (ca. 100 ha) wurde nicht nur im gleichen Zeitraum bearbeitet, sondern auch in der gleichen Fruchtfolge. Diese Maßnahmen zielten auf die vollständige Nutzung der wertvollen Ackerfläche in der Gemengelage ab. Dieses Prinzip lässt hingegen die Streuung des Ernterisikos außer Acht.

---

[17] PFISTER „Haushälterischer…" S. 9

[18] WOIT S. 46 „Alle Maßnahmen von der Saat bis zur Ernte wurden gleichzeitig und gemeinsam durchgeführt, da der Zugang zu den Parzellen nur über die Nachbarparzellen möglich war.
Die Parzellen lagen als Gewanne gruppenweise parallel nebeneinander. Mehrere Gewanne bildeten eine Zelge, innerhalb derer sie alle der gleichen Fruchtfolge unterworfen waren."

Verschiedene Einsaattermine bzw. unterschiedliche Fruchtfolgen hätten die Gefahr eines Totalverlustes stark herabsetzt.

Gleichwohl war Die Höhe und Art der Naturalabgaben vom Grundherrn festgelegt und gab auf diese Weise der Nutzung einen sperrigen Rahmen.

1.5. Keine Produktivität durch zu große Äcker

Der weitaus größte Sperrriemen an der Produktivitätssteigerung war aber das geringe Verständnis in die Funktion der Allmende als Rückgrat der Ackerbaulichen Leistungsfähigkeit. Im Sommer diente Sie als Weide (zusammen mit den temporären Stoppelfeldern und den Wäldern der Gemeinde) und zur Heugewinnung. Das eingebrachte Heu war notwendig, um die Tiere zu überwintern.

Die Größe der Allmende war folglich der limitierende Faktor für die Herdengröße. Aufgrund der zu kleinen Herden – die wiederum auf die begrenzte Menge an Winterfutter zurückgehen – viel entsprechend wenig Mist an, der es erlaubt hätte, auf die weitere Vergrößerung der Ackerflächen zu verzichten, und den Boden dafür intensiver zu nutzen.

Dieser Kreislauf ging stark zu Lasten der Weideflächen, und der Allmende, da Äcker vergrößert wurden, um den steigenden Bedarf zu decken. Trotz des enormen Angebots an Boden waren die Menschen in der misslichen Lage, „den Bedarf der Bevölkerung nur in guten Jahren ausreichend zu decken"[19]

Insofern kann man davon ausgehen, dass die angelegten Vorräte nicht länger als eine Missernte ausgleichen konnten, da die komplette Produktion der meisten Jahre auch vollständig verbraucht wurde.

Dieser jahrhundertlangen Nullsummenproduktivität ist es geschuldet, dass sich der Spielraum der Bevölkerung sehr dicht an der subsistenziellen Ertragsleistung bewegte.

Zugleich hingen die Erträge durch die ineffiziente Nutzung stark vom Klima ab. Durch das Streben der Bevölkerung schneller als die Produktivität zu wachsen (Malthus) wird in zweiter Instanz die Abhängigkeit von der Variable Klima umso gewichtiger.

Es soll aber unter keinen Umständen die oberflächliche Schlussfolgerung gezogen werden, die Bevölkerung sei demographisch vom Klima abhängig. Da durch das übermäßige

---

[19] PFISTER „Haushälterischer..." S. 9

Wachstum der Bevölkerung bei gleich bleibender Produktivität gewisse demographische Einbrüche vorprogrammiert waren, können wir keine reine Abbildfunktion des Klimas in der Bevölkerungsstatistik postulieren. Man kann kompromissartig davon ausgehen, dass klimatische Faktoren den Zeitpunkt der Krise bestimmten, denn es ist sehr wahrscheinlich, dass Krisen auch bei optimalen Klimaverlauf eingetreten wären.

2.1. Primäre und sekundäre Folgen von Klimaveränderung

Die klimatischen Fluktuationen verursachen allerdings primäre und sekundäre Folgen für Bodenbewirtschaftungsformen. Primäre Folgen sind der Ausbau der nutzbaren Fläche infolge günstigeren Rahmenbedingungen.

Für den Fall einer Klimaverbesserung in humanökologischem Sinne mit analogem Bevölkerungswachstum - Pfister[20] sieht einen starken Geburtenschub in den Jahren von 1530 bis 1570, also während einer kurzen Warmphase - ist die Reaktion oftmals eine Expansion der kultivierten Fläche in Gebiete geringerer Bodenwertzahl und somit geringerem Ertrag.

Das kann sowohl das Ausweichen auf sonst ungenutzte Sandböden beinhalten als auch die Ausdehnung der maximalen Höhenstufe der Landwirtschaft in Bergregionen, die während den kalten Jahren der kleinen Eiszeit unzumutbar gewesen sind. Natürlich steht dies im Zusammenhang mit enormen Holzeinschlag. Die nachfrage nach Energie war in solchen Phasen sehr groß.

Wenn die Bevölkerung trotz des optimalen Klimas (noch) gering ist, also nicht in der Nähe des Grenzertrages wirtschaftet, spielt eine Klimafluktuation kaum keine Rolle für die absolute landwirtschaftliche Fläche. Der Mensch wird von vornherein nur Gunsträume nutzen bzw. sehr Extensiv mit den vorhandenen Wüstungen wirtschaften. Dies ist zum Beispiel nach Epidemien oder Kriegen der Fall, wo Kornland in Weideland umgewandelt wurde.

Bei extensiver Wirtschaftsweise, dem Äquivalent einer geringen Bevölkerungsdichte, ist die Nahrungsversorgung krisensicherer, weil langfristige Verschlechterungen des Klimas durch Umstrukturierungen der Höfe (intensivierung) kompensiert werden konnten.

---

[20] PFISTER „Klima der Schweiz… Band II" S. 82

Es sei an dieser Stelle darauf hingewiesen, dass der Wein und Getreide die intensivsten Bewirtschaftungsformen darstellten. Das bedeutet dass mit Ackerbau mehr Kilojoule aus einem Hektar Land zu erhalten sind, als wenn dieser extensiv genutzt würde. Die Beweidung liefert unterm Strich deutlich weniger Energie, da ein Großteil im Organismus des Nutzviehs „verpufft".

2.2. Gunst- und Ungunstphasen

Der Ackerbauliche Erfolg ist die Grundlage allen zivilisierten Lebens. Besonders vor der Agrarrevolution und den damit verbundenen landwirtschaftlichen Fortschritten war die Bevölkerung auf „gute" Jahre angewiesen, um keinen Hunger leiden zu müssen.

In dem zu betrachtenden Zeitraum gibt es zwei länger andauernde klimatische Abschnitte, die die heutige Wissenschaft als Gunstjahre anführt.

In der Zeit von 1530 bis 1564 nach der spätmittelalterlichen Agrarkrise und von 1700 bis 1740 konnten dem Boden aufgrund guter Bedingungen außerordentliche Erträge abgewonnen werden.

Das Modell, welches Christian Pfister (1985)[21] für ein optimales Jahr zusammenstellt, sieht trockene und milde Winter mit zeitigem Vegetationsbeginn vor. Der Sommer ist warm und erhält gleichmäßigen Niederschlag, so dass bei ausreichender Strahlung genügend Feuchtigkeit zur Verfügung steht und weder Trockenheit noch Überschwemmungen auftreten. Trockener und immer noch warm ist der Herbst, er reicht weit in das Jahresende hinein.

Für die Winter gibt Pfister keine Ausführungen. Es braucht strenge Kälte, vor allem, um die eventuellen Schädlinge dank der Frostmonate zu dezimieren.

Die Wärme ist vor allem für die Erweiterung der Vegetationsperiode maßgeblich. Aber auch in Verbindung mit Trockenheit zur Reifung des Korns im Herbst bzw. Sommer und dem trockenen Einbringen des Getreides. Ist das Getreide am Halm lange feucht, ist es sehr anfällig gegenüber Schimmelpilzen und Schädlingen. Wird das Getreide feucht eingebracht, ist die Gefahr groß, dass Lagerungsschäden entstehen, weil das Getreide von selbst zu „Atmen" beginnt und wertvolle Energie verliert.[22]

---

[21] PFISTER „Klima der Schweiz .... Band II" S. 62

[22] „Der notwendige Trockenheitsgrad liegt ca. zwischen 11...14% Wassergehalt, der mit bis zu 70% relativer Luftfeuchte bei 25°C im Gleichgewicht steht. Bei einem Wassergehalt von 15% ist bereits die Schimmelgrenze (75% relative Luftfeuchte) erreicht"

In Katastrophenjahren ist auf den ersten Blick das genaue Gegenteil der Fall. Aus verschiedenen Gründen, auf die ich noch zu sprechen komme, reichen Ungunstjahre in mittleren Abständen aus, um die allgemeine Versorgung der Bevölkerung zu gefährden.

Solche Jahre zeichnen sich durch nasse Winter (also auch sehr mild), und ein kaltes, schneereiches Frühjahr, welches die Vegetationsperiode verkürzt. Im Sommer fällt der Niederschlag an wenigen Starkregenereignissen mit den dazugehörigen Überschwemmungen[23]. Auch dem Herbst fehlen die nötigen Sonnenstrahlen und der Winter kommt zu früh.

Besonders die Jahre 1570 bis 1600 und 1688 bis 1694 sind von einer häufigen Abfolge schlechter Jahre gekennzeichnet. Sie fallen in den zeitlichen Rahmen der kleinen Eiszeit.

Oftmals reichen einzelne „Katastrophenjahre" aus, um landesweite Subsistenzkrisen hervorzurufen. Die Kombination von „hohen Niederschlägen im Hoch- und Spätsommer und ein grosses Wärmedefizit in den Frühjahrsmonaten"[24] ist der stärkste Garant für einen unmittelbaren demographischen Einbruch, besonders, wenn solche Konstellationen hintereinander auftreten.

Die schlechte Ernährungslage hebt besonders die Mortalität in den alten und jungen Generationen. Der Schwund an Kindern kann für die demographische Entwicklung selbstverstärkend wirken und einen rasanten Bevölkerungsschwund nach sich ziehen.

3.1. Bodennutzung in humanökologischen Gunstphasen (1530 – 1564)

Man kann den Zustand der historischen Flächennutzung an einer ganzen Reihe von Indikatoren nachvollziehen. Darunter wären zuerst die Untersuchungen des Roten Moores. Unter Luftabschluss werden organischen Substanzen für die Jahrhunderte konserviert. Nach einer Auszählung und der dazugehörigen zeitlichen Einordnung mithilfe der

---

Dies sind „günstige Lebensbedingungen für Schimmelpilze und später bei sehr hohen Feuchtegraden Bakterienwachstum ermöglichen. Durch Schädlingsbefall kann es zur Selbsterhitzung kommen, was letztendlich zu Wertminderungen und schließlich zum Totalverlust führt."
http://www.tis-gdv.de/tis/ware/getreide/gerste/gerste.htm am 20.04.2008
[23] In der frühneuzeitlichen Ausbauperiode wurden entsprechende Puffersysteme des Waldes mit der immensen Rodungstätigkeit so stark entfernt, dass Hochwasser zudem forciert wurden.
[24] PFISTER „Klima der Schweiz …. Band II" S. 63

Kohlenstoffanalyse kann man Rückschlüsse auf die Pollenmenge in der Luft ziehen, da diese – davon gehen wir hier der Einfachheit halber aus[25] - exakt eine Funktion der Anbaumenge zeichnet. In unserem Fall ist natürlich die Menge an Getreidepollen interessant.

Nach einer vergleichenden Gegenüberstellung der Pollenanalyse mit dem Klimaverlauf begründe ich den Peak des Getreideanbaus um 1570 unter Berücksichtigung der vorgestellten demographischen Faktoren, die nicht losgelöst betrachtet werden können, als eine Folge der 3 Dekaden andauernden Stabilisierung des Klimas während der kleinen Eiszeit. Die Gegenüberstellung zeigt auffallend eine übereinstimmende Kongruenz zwischen Klima und Ackerbaulicher Aktivität.[26]

Diese Kongruenz kann jedoch nicht generalisiert werden, weil die Getreidewirtschaft nicht linear den Gunstzeiten des Klimas korreliert. (Die Bevölkerung reagiert träge sowohl im Anbau als auch in der Population)

Der Ackerbau weitet sich nur in die Horizontale aus, wenn dem eine durch die Bevölkerung entsprechend steigende Nachfrage vorangeht. Das heißt: Bei optimalen Klima werden nicht zwangsläufig alle neu hinzukommenden ertragsfähigen Areale in Nutzung geführt. Es kann vorerst auch das Gegenteil eintreten, nämlich dass sich die angeschlagenen Viehwirtschaften erholen, weil mehr Weideflächen verfügbar werden. Das heißt die Bestände erholen sich langsam von der starken Reduzierung.

Wie denken zurück: In Krisenzeiten wurde Ackerland auf kosten von Weideland vergrößert. Die negativen und Wachstumshemmenden Nachwirkungen bleiben noch lange nach den Krisenjahren bestehen!

Der Grundbedarf nach Krisen mit Bevölkerungsverlust ist kurzfristig so gering, dass das Potenzial an nutzbaren Flächen weit über die benötigte und zu bewirtschaftbare Fläche hinausging. In England zu Beginn des 15. Jahrhunderts wurde Ackerland in Landschaftsparks umgewandelt. Der viel häufigere Typ der Extensivierung ist das Beweiden der unwirtschaftlich (kein Absatz, weil fehlende Nachfrage, weil geringe Population) gewordenen Flächen.[27]

---

[25] Das würde bedeuten, dass die Pollenmenge im Moor auch der tatsächlichen Menge an Getreide entspräche. Die Korrespondenz von Getreideanbau und Ablagerung der in der Luft enthaltenen Pollen unbestreitbar, jedoch muss wenigstens hinzugefügt werden, dass die Stärke und die Richtung des Windes, die Feuchte bzw. die Regenhäufigkeit einen Rückschluss nicht eins zu eins zulassen.

[26] Siehe Anhang

[27] „Der Bischof von Worcester fand in Upton keine Bauern mehr zur Bewirtschaftung seiner Felder. Er wandelte sie deswegen in Schafweide um" Behringer. S. 139

Während der Mittelalterlichen Ausbauphase wurden erhebliche Flächen gerodet. In der Lausitz beispielsweise wurden in großem Stil Hochebenen kultiviert[28] aber auch Kammlagen der Mittelgebirge wurden beackert. Ich definiere diesen Zustand so:

Die Bevölkerung wächst bei erreichter Grenzproduktivität an die Ertragsgrenze bei optimalen Bedingungen heran. Der Spielraum, langfristig mehr Nahrung bereit zu stellen wird kleiner. Es folgte die Krise.

Als nach den Pestjahren ganze Landstriche wüst lagen, war die Ausgangssituation zu Beginn des 15. Jahrhunderts in etwa diese:

Der Nahrungsspielraum wurde nach den Bevölkerungseinbrüchen zu Beginn der kleinen Eiszeit erweitert, es mussten somit nicht mehr alle Böden für den Ackerbau genutzt werden. Die geringe Nachfrage machte es sinnvoll, nur die besten Böden zu bearbeiten, da die Marktpreise für agrarische Produkte einfach zu gering waren, dass es sich gelohnt hätte, magere Böden in Wert zu setzen. Stattdessen bediente man sich der Veredelung zu Fleisch und Milch, um aus Minderwertigen Böden dennoch Gewinn ziehen zu können.

Anders als Ende des 14. Jahrhunderts war die Bevölkerungsdichte weit unter dem höchstmöglichen Grenzwert, wenn man die damalige Bodenproduktivität zugrunde legt.

Größter Bedingungsfaktor für die Kultivierung oder Brachlegung von Flächen war rein ökonomischer Natur. „Bauern reagierten in Teuerungsjahren [indem Sie] die Anbaufläche erhöhten und sie bei Billigpreisen verminderten und sich auf die erträglichsten Böden zurückzogen [...] Langfristig konnte die Anbaufläche durch Rodungen und die Austrocknung von Sümpfen vergrössert werden, ein langfristiges Absinken war durch eine Brachlegung oder einen Strukturwandel möglich, bei dem Ackerland vergrünlandete oder in Rebland umgewandelt wurde."[29]

Um 1530 ist ein reiches Angebot an hochwertiger Nahrung belegt. Der Fleischkonsum lag mengenmäßig auf heutigem Niveau. „Die Klagen über Bettel und Armut waren bemerkenswert selten"[30] und „die intensive Bearbeitung einer winzigen Rebparzelle und die Haltung einer Kuh als Milch- und Düngelieferant auch der entstehenden Unterschicht eine bescheidene Existenzgrundlage bot."

---

[28] So das Vorzeigeobjekt der Hornoer Hochfläche nach Franka Woithe: „Untersuchungen zur postglazialen Landschaftsentwicklung in der Niederlausitz", Kiel 2003
[29] PFISTER „Klima der Schweiz ... Band II" S. 68
[30] Ebd. S. 82

Wüstgefallene Höfe in Grenzertragsgebieten wurden nun beweidet.

Diese hervorragenden Bedingungen (Fruchbare Böden, viel Raum, relativ hohe Erträge durch günstiges Klima) wirkten stimulierend auf das Bevölkerungswachstum. Um 1560 erreichte der Bevölkerungsstand zahlenmäßig denselben wie vor der Pest in Europa. Das Bevölkerungswachstum in Deutschland wurde durch das milde Klima begünstigt[31].

Den ehemaligen Peak von 12 Millionen um 1300 übertraf es um 1600 mit etwa 16 Millionen. Die kleine Eiszeit trat dann in einer besonders ungünstigen Lage ein und die Preise schossen in ungekannte Höhen.

3.2. Vergetreidung

In Umgekehrter Konsequenz wurde Grünland bzw. die beweideten Wüstungsflächen nach 1560 sukkzessive wieder in Ackerland umgewandelt werden. In diesem Kontext spricht man von der Vergetreigung der Frühen Neuzeit. Bork (1998) spricht gar von einer sich verändernden Landnutzung ab der Mitte des 15. Jahrhundert, welche durch das „Bevölkerungswachstum, abnehmende Reallöhne, Verbots der Viehzucht in Städten [...]" initiiert wurde.

So wurde die auf die Fläche gesehene unproduktive extensive Weidewirtsbcchaft des Mittelalters verdrängt und in den Dienst des bodenintensiveren Ackerbaus geschoben.[32] Eine weitere Option, auf gleicher Fläche noch mehr Nahrungsmittel zu produzieren war im 14. Jh. nicht bekannt.

Der durchschnittliche Fleischverbrauch ging bis ins 18. Jahrhundert stark zurück. An dessen stelle trat die tägliche Ration Brot.[33] In den reichen Städten Weizenbrot, in den ärmeren Gesellschaften dunkles Roggen oder Haferbrot mit Hülsenfrüchten. In Ausnahmefällen wurde Jahre lang Brot aus Baumrinde gebacken, da es kein Getreide gab.[34] „Der Verbrauch

---

[31] BEHRINGER S. 150
[32] ABEL „Massenarmut..." S. 66„Ein Getreidefeld von mäßiger Fruchtbarkeit bringe eine viel größere Menge von Nahrung für die Menschen hervor als der beste Weideplatz von gleicher Ausdehnung"
[33] „Die Hauptnahrungsmittel waren neben dem Geteide Rüben, Kohl und Hülsenfrüchte." KRETSCHMAR S. 499
[34] Schweden und schottisches Hochland. Siehe LAMB S. 223 f.

konzentrierte sich auf die bodensparenden vegetabilischen Nahrungsmittel, der Fleischverzehr nahm ab, die Viehhaltung wurde unrentabel"[35]

Insgesamt verknappte sich die Versorgungssituation während des 16. bis ins 18. Jahrhundert. Allein die Umstellung auf Ackerbau reichte allein nicht aus, um die Ernährungssicherheit zu gewährleisten. „Anhand von Warenkorbuntersuchungen hat man berechnet, dass seit den 1580er Jahren eine gesunde Ernährung für einen vierköpfigen Haushalt schwierig wurde und auf Jahrzehnte hinaus blieb.[36]

Viele der Mittelalterlich genutzten Flächen mussten aufgrund der gestiegenen Nahrungsmittelnachfrage erneut gerodet werden.[37] Das war die gängige Reaktion in Süddeutschland, Frankreich, England und Osteuropa. In dem pleistozän geprägten Norddeutschland wurden hauptsächlich Feuchtgebiete wie die am Oderbruch inkultiviert.[38] Richtiggehende Ungunststandorte mussten jedoch erst gegen Ende der Gunstjahre 1560 gerodet werden, um bei geringerem Gesamtertrag auch den Grenzertrag auszuschöpfen.[39]

3.3. Klimatische Gunstphasen – ungünstig für die Natur?

Die Bewaldung, die Mitte des 14. Jahrhunderts bis Mitte des 17. Jahrhunderts aus genannten Gründen bestand[40], ermöglichte eine relative Regeneration der Böden durch Bodenneubildungsprozesse[41]. So konnten sich Verbraunungshorizonte von bis zu 25 cm bilden. Derartige Situationen finden sich in allen Landschaften Mitteleuropas, die im Spätmittelalter ackerbaulich genutzt wurden bis auf die ausgedehnten ebenen und fruchtbaren Flächen wie z.B. am Oberrhein. Die Extensive geringere und quantitativ geringere Nutzung

---

[35] ABEL „ Massenarmut.." S. 67 …..weil der finanzielle Spielraum der Konsumenten für Güter des elastischen Bedarfs nicht mehr ausreichte.

[36] BEHRINGER S. 151 aus. Fernand Braudel, Das Mittelmeer und die mediterrane Welt in der Epoche Philipps II., Frankfurt 1990.

[37] Dabei wurde kaum noch brandgerodet wie im Mittelalter, denn der Rohstoff Holz war in vielerlei Hinsicht ein unabkömmliches Wirtschaftsgut.

[38] Bork S. 255

[39] „1594 wurden in Schangnau erstmals Gerste und Hafer, im darauf folgenden Jahr auch Roggen und Dinkel verzehntet" siehe Pfister S. 86

[40] „Jedoch war die Bodengüte erosionsbedingt so gering, da´die Bemühungen um die Wiederaufnahme des Ackerbaus scheitern mussten und nurmehr extensive Landbewirtschaftung möglich war."

[41] Beispiele: Profile bei Glasow in Vorpommern und bei Thiershausen. Siehe BORK S. 252

zieht sich in Teilen bis in die heutige Zeit fort. Besonders dort, wo die Landschaft durch flächenhafte Bodenerosion vollständig wüst fiel, sind noch immer bewaldet.[42]

Die Gunstphase ab 1630 ist folglich nicht nur von klimatischen Einflüssen abhängig, sondern bildet aufgrund der durch die Phase der Bewaldung – morphologische und ökologische Stabilität – wieder in Wert gesetzten Böden einen positiven Rahmen.[43]

Vorangestellt sei, dass eine Intensive Bodennutzung immer eine höhere geomorphologische Aktivität mit sich zieht, so dass sich ein Volk durch nicht adäquate Bewirtschaftungsmethoden seiner Grundlage berauben kann.

Die Ausweitung der Ackerbaulichen Nutzung stieß bis Mitte des 16. Jahrhunderts an die Grenzen, während die Bevölkerung noch weiter wuchs.

„Die so allmählich an die Bodenoberfläche gelangten, zuvor unter den nacheiszeitichen Böden gelegenen nährstoffarmen sandigen Substrate mit geringer nutzbarer Feldkapazität waren nicht mehr ackerbaulich nutzbar, die intensive Nutzung kam zum Erliegen."[44]

Daneben hat der starke Raubbau an den Wäldern bis Anfang des 16. Jhts. und im zeitigen 18. Jahrhundert bisweilen Spuren hinterlassen, die nur durch eine massive Freilegung geneigter Flächen möglich waren. Der starke Einschlag von Wäldern[45] bzw. der Trend die Verdrängung der Viehwirtschaft in diese und die intensivere Bewirtschaftung im 14. Jh. und Ende 17. Jh. (Beetpflug) führten zur Devastierung der Berghänge und zu gewaltigen Bodenumlagerungen von Hanglagen in Niederungen bzw. Unterläufe von Bächen und Flüssen.[46]

Besonders im Mittelmeerraum wurde die Entwaldung durch Überschwemmungen und der unvermeidbaren Bodenerosion bestraft.[47] Hinzu kam das Absinken des Grundwasserspiegels[48] (verkleinertes Retentionsvermögen der Böden), das diesen Effekt verstärkte.

---

[42] Ebd. S. 252 (Seulinger Wald oberhalb von Drudevenshusen)

[43] BORK S. 75

[44] Ebd. S. 91

[45] Aufgrund von Glashütten, Eisenerzgewinnung , Stollenbau, Wasserkünste, Siedlungsbau

[46] HERMANN S. 12, Bork S. 252 „linienhafte Erosion"
BORK S. 91 „Menschliches Handeln hat die Waldökosysteme im Einzugsgebiet der Wolfsschlucht dauerhaft verändert. Rodungen und intensive ackerbauliche Nutzung ermöglichten vor allem von etwa 1210 bis 150 und von 1670 bis etwa 1800 die flächenhafte Abtragung der geringmächtigen und vorwiegend nur mäßig fruchtbaren Böden auf den Hängen des Einzugsgebietes des Schwemmfächers (Wolfsschlucht bei Frankfurt).

[47] BEHRINGER S. 141.

[48] Durch die fehlende Bewaldung fehlt den geneigten Böden der nötige Transpirationsschutz sowie dessen Pufferwirkung bei Starkregenereignissen. Durch die Trockenheit sinkt die maximal mögliche Infiltration in den Keller. Der Großteil des Niederschlags fließt oberirdisch ab.
Im Gegensatz dazu führt die Entwaldung in nördlich gelegeneren Niederungen oder Tiefebenen sogar zu einem Ansteigen des Grundwasserspiegels, da die Transpiration durch die Bewaldung ausbleibt. Die Folgen waren weit weniger dramatisch. Flächen wurden in großem Stil trocken gelegt und Flussbegradigungen an Ruhr und Oder durchgeführt.

Es finden sich heute 5 m mächtige Schichten des Kolluviums in den Auegebieten oder als Schwemmfächer – abgelagerte Sedimente aus den Mittelgebirgen.

Im Grundmoränengebiet des von Sandböden dominierten Pleistozän werden viele Wölbacker unnutzbar, weil der Wind die durch Zerstörung oder Auflockerung der Vegetationsdecke[49] freigelegten ungeschützten Flächen angriff und zur Dünenbildung in großen Teilen Mittel- und Norddeutschlands führte. In „einigen Gemarkungen am Hümmling im westlichen Niedersachsen hatten schließlich, im späten 18. Jahrhundert die Dünen einen Flächenanteil von über 50 Prozent erreicht, insgesammt umfassten sie Tausende Hektar.“[50]

Die Zunahme des Ackerbaus führte zur Verdrängung der Rinderherden auf organische Naßböden (Flachmoore), die heute als Streuwiesen vorliegen oder auf einmähdige Wiesen (wechselfeuchte Torfböden).
Die Waldbeweidung führte langfristig zur Heidebildung in Norddeutschland. Diese sind in Teilen wieder bewaldet oder Brach.
Die intensive Nutzung von auch nicht gut kultivierbaren Böden hat zu einer schnelleren Alterung dieser Geführt. Das Pflügen und die damit verbundene höhere chemische Aktivität (mehr Feuchte durch Verdichtung und fehlende Transpirationswirkung von Wäldern und mehr Bodenluft durch das Pflügen) haben die ohnehin armen Böden[51] schnell ausgelaugt. Als Konsequenz wurde mit Plaggen gedüngt und damit eine neue Form von Boden geschaffen. Die Entnahmestellen der Plaggen verarmten allerdings.

Es wurden vor 1500 überwiegend leichte Böden kultiviert. Mit der Durchsetzung des Beetpfluges im 15. und spätestens im 16. Jh. kamen auch schwere Böden unter den Pflug, denn „Durch die asymmetrische Schar des Beetpfluges war es möglich, den Boden nicht nur aufzuritzen sondern die aufgerissenen Schollen zu wenden. Im Zusammenhang mit einer tieferen Bodenbearbeitung, die der Beetpflug aufgrund geringerer Zugkraftbeanspruchung ermöglichte, wurde nicht nur die Bearbeitung auch schwerer [Braunerde] Böden [der Luv und

---

[49] Hierbei spielen vor allem der Plaggenhieb, die Schafbeweidung (Schafe hinterlassen einen wesentlich höheren Verbiss als Kühe), Rodungen und Ackerbau eine Rolle. Siehe BORK S. 253
[50] KÜSTER S. 246
[51] Böden mit geringer Bodenwertzahl. Sie sind durch ein geringes Wasserspeichervermögen sowie einem sehr geringen Anteil mineralisierungsfähigen Tonen ausgestattet. Der Vorteil dieser Böden liegt in der leichten Bearbeitbarkeit, da der Widerstand am Pflug geringer ist.
Ohne ausgleichende Düngemaßnahmen tritt bei Sandböden rasch eine Auswaschung der Nährstoffe ein. Der Boden wird unbrauchbar.

Leelagen in den Mittelgebirgen] vereinfacht, sondern ebenso eine bessere Unkrautbekämpfung möglich. Eine Bewusste Erhöhung der Äcker erfolge zunächst durch ein Spiralförmiges Pflügen nach innen.[52]

Woithe[53] argumentiert, dass die Wendepflüge auf dem „Rückweg" leicht hätten umgedreht werden können. Darauf wurde indes bewusst verzichtet, so dass es zu einer wölbartigen Struktur kam. Diese relativ langen Streifen (Streifenflur) waren notwendig, da Vielfaches Wenden mit dem Pflug mühselig und uneffektiv war. Diese Nutzungsform hatte für die auf Sicherung der Ernte ausgerichtete Mentalität einige Vorteile, die auch während der Gunstphasen nützlich waren.

Es ist unbedingt herauszustellen, dass auch in den Gunstphasen Wetteroszillationen bzw. Katastrophenjahre auftreten konnten.

Dabei entpuppt sich der Wölbacker als Puffersystem, dass trockene sowie feuchte Jahre im Ertrag gut nivelliert. In feuchten Jahren ist besonders die hoch stehende trockenere Krume träger des Erntegutes, während in trockenen Jahren die tiefer liegenden Senken den meisten Ertrag brachten. Außerdem verhinderte die Anlage der parallel zum Hang verlaufenden Streifen, dass die wertvolle Krume erodierte.

Von der Vogelperspektive ausgehend ist festzustellen, dass durch das Erreichen der Grenzen des Wachstums das Siedelland ökologisch stark überbeansprucht wurde. Hermann[54] vergleicht die Bodennutzung mit heutigen Entwicklungsländern, in denen Siedler durch die Nahrungs und Rohstoffknappheit gezwungen sind, auf kosten einer Nachhaltigen Wirtschaftsweise ihr Überleben zu sichern.[55]

Zu Beginn der Frühen Neuzeit sind nur noch wenige Standorte vorhanden, um das Wegfallen der verbrauchten Böden und die große Nachfrage nach Landwirtschaftlichen Produkten auszugleichen.

---

[52] Foto siehe Anhang B , Das Spiralförmige fahren und die Anlage von langen Streifenfluren begrenzen die „Leerfahrten" beim Wenden auf ein Minnimum.

[53] WOITHE S. 46

[54] HERMANN S. 63

[55] Ich erlaube mir die Anmerkung, dass die Regionen der heutigen Entwicklungsländer klimatisch so ungünstig liegen, dass sich in diesen Gebieten keine Regeneration der riesigen devastierten Areale einstellen kann, wie es in Mitteleuropa unter bestimmten Einschränkungen erfolgte.

4.1. Bodennutzung in Ungunstphasen

Bei der Veränderung des Klimas während der kleinen Eiszeit – insbesondere der Hochphase 1688 bis 1701 – kam es nach einer Phase der Trockenheit zwischen von 1630 bis 1687 zu einer Häufung von Ungunstjahren.

Die durchschnittlichen Jahrestemperaturen sanken ähnlich wie zur Mitte des 16. Jahrhunderts in Mitteleuropa um 0,8 Grad[56].

Wolfgang Behringer zitiert exemplarisch Pastor Daniel Schaller zu Ende des 16. Jahrhunderts: „Das Feld und Acker ist des Fruchttragens auch müde geworden und gar ausgemergelt, wie darüber groß Winselns und Wehklagens unter den Ackersleuten in Städten und Dörfern gehöret wird, und dannenher die große Teuerung und Hungersnot sich verursachet".[57] Die Zeitgenossen haben sehr wohl festgestellt, dass die Beginnende Krise im Ausgehenden 16. Jh. durch die mangelnden Erträge aus der Landwirtschaft mit verursacht wurde.

Der außerordentlichen Kälte der Winter- und Frühlingsmonate in Mitteleuropa[58] verschuldete zunächst wachstumshemmenden Auswirkungen auf Flora und Fauna, da die Vegetationsperiode verkürzt wurde. Entsprechend der Kälte fielen die Niederschläge gering aus. So lagen die Erträge und Steuereinnahmen in Norwegen Berichten zufolge im Jahr 1665 lediglich bei 67 bis 70 Prozent der Erträge aus der Zeit um 1300. In Dänemark wurde der Anbau von Weizen weitestgehend eingestellt.[59]

Die Sommer (120% mehr als der Durchschnitt von 1901 bis 1906)und Herbstmonate waren von häufigeren Niederschlägen betroffen, der September um bis zu 40%[60].

Ab 1688 traten gehäuft starke Niederschlagsereignisse an Kaltfronten auf, die in extremen Jahren wie 1688 mit Sturm und Hagel komplette Ernten zunichte machten.[61] Solche Ereignisse sind normalerweise für Sommermonate untypisch, waren aber während der kleinen Eiszeit keine Seltenheit und bedrohten die Ernten zusätzlich.

Der Beginn der kleinen Eiszeit traf die Bevölkerung in einer Phase, als Sie sich den Grenzen des maximal möglichen Landesausbaus näherte. Viele kalte Winter und nasse Sommer trugen

---

[56] PFISTER "Klima der Schweiz... Band I" S. 127
[57] BEHRINGER S. 129
[58] Hervorgerufen durch gehäufte Vorkommen polarer Luftmassen und dem starkem Auftreten von Sonnenflecken. Hierzu siehe Behringer S. 117 ff.
[59] LAMB S. 222 f.
[60] Ebd. S. 128
[61] PFISTER "Klima der Schweiz... Band I" S. 129

dazu bei, dass die Preise in Mangeljahen explodierten und die Krise des 17. Jahrhunderts seinen Anfang nahm. Die Bevölkerung wurde in zwei Dekaden stark reduziert. Das Wirkungskonglomerat bestand aus Klima, Kriegen und Revolution.[62]

Häufigere Niederschlagsereignisse wie nach 1688 oder 1560 Wuschen dem Boden wertvolle Stickstoffe aus. Die Qualität des Getreides wurde entsprechend schlechter aber auch die Erträge an sich waren betroffen.

Kurzfristig Reagierte die Bevölkerung, indem Sie das Ackerland ausdehnte, dabei wurden entweder die Allmende, die Brache oder aber erneut Waldböden mobilisiert. In dieser Zeit begann die Kultivierung von Mooren in Nordfriesland. Fehnsiedlungen wurden angelegt wie zum Beispiel die Alte und Neue Piccardie bei Nordhorn durch Graf Ernst Wilhem von Bentheim.[63]

Diese Bewältigungsstrategie war jedoch mit Problemen behaftet, wie sich weiter unten zeigen wird. Zunächst aber konnten die Erträge wie in Fraunmünsterstift 1623 und 1698 erhöht werden. Der Nährstoffgehalt der „frischen" Böden täuscht in den ersten Jahren einen positiven Effekt vor, der jedoch nur von kurzfristiger Dauer ist.

Infolge der Kultivierung von Grenzlagen, die sonst für die Weidehaltung vorgesehen waren bzw. bis dato vollkommen ungenutzt, verdrängte der Ackerbau die extensive Weidewirtschaft immer mehr in die obersten Regionen des Hügellandes.[64]

Die Hochmoorböden wurden mit der kleinbauerlichen Moorbrandwirtschaft fruchtbar gemacht. Das Abbrennen der oberen trockenen Schicht musste alle paar Jahre wiederholt werden, um wieder Nährstoffe in den Oberboden zu bringen, auf dem man Bruchweizen anbauen konnte. Diese Bewirtschaftungsform ließ sich so lange betreiben, bis die tiefer liegenden Schwarztorfschichten erreicht waren. Sie konnte man nicht mehr beackern.

Diese Trockenlegung von Niedermooren in Ostfriesland erwies sich aber als schwierig, weil die Entwässerung der feuchten Böden zur Zersetzung des Torfes an der Luft führte und die Sackung des Bodens nach und nach folgte, bis er wieder unter Wasser lag.

In Brandenburg im Havelländischen Luch, wurde Moor in großem Stil kultiviert[65].

---

[62] Der Boom der Getreidepreise eröffnete den Getreidehändlern und Produzenten einen Lebensstandart, der allerdings die Verarmung der Mittelschicht voran trieb.

[63] KÜSTER S. 273

[64] „Auf kosten des Waldes wurde ind er Gipfelzone des HöherenMittellandes neuer Weideraum geschaffen: die Lüdernalp – 1515 für 34 Kühe geseyt – erlaubt 1572 80 Kühen Futter finden zu können." PFISTER „Das Klima der Schweiz ... Band II" S. 86

[65] 1718 bis 1724 wurden 15000 Hektar Land mit Entwässerungsgräben von 550 km Länge urbar gemacht. siehe KÜSTER S. 273

Die Bedingungen zur Trockenlegung der Niedermoore waren weitaus günstiger, weil die Sohlen nur gering über dem Meeresspiegel aber dafür weit davon entfernt lagen. Außerdem ließ sich auf dem „mineralreicherem Niedermoortorf viel besser Ackerbau betreiben"[66]

Auf die Veränderungen der Klimas konnte jedoch nicht überall mit der Ausdehnung der Flächen reagiert werden, da in manchen Fällen Grenzlagen dieses Verfahren nicht zuließen: Ab 1585 fallen in weiten Österreichischen Landesteilen die Zehnterträge[67]. An dieser Stelle konnten keine weiteren Flächen hinzugezogen werden und die Umstrukturierung der Landwirtschaften war weitgehend abgeschlossen.
In den Skandinavischen Ländern, so Behringer[68], wurde der „Getreidebau zu einer unsicheren Angelegenheit", so dass die Subsistenz nicht mehr möglich war und die Siedlungsdichte bis 1700 stetig zurückging. Für die betroffenen Bauern wurde mit Steuernachlässen reagiert.

Das Absinken der Schneegrenze von 150 bis 200 Meter charakterisiert die Zeit aus einer interessanten Perspektive. Parallel dazu sank die Waldgrenze und selbstverständlich mussten Siedlungen (insbesondere in Skandinavien) wieder aufgegeben werden. Viel versprechende Standorte, die in den ersten Jahren des 16. Jahrhunderts kultiviert wurden, boten nun keine Existenz mehr.

Viele Steinerne Kirchen, die den Mittelpunkt von ehemaligen Siedlungen Markieren sind einsame Zeugen von einst bewohnten Gebieten. Die Wüstungsgelände weisen oftmals Grundmauern, veraltete Wegenetze oder sogar verwilderte Gartenpflanzen wie das Schneeglöckchen auf. [69]

---

[66] ebd. S. 174

[67] Welche Quellen weiß man heute heranzuziehen, um die damalige Bodennutzung Quantitativ und Qualitativ rekonstruieren zu können?
Nun in erster Linie dienen statistische und verwaltungsrechtliche Dokumente, die die Besteuerung der auf dem Lande tätigen Bevölkerung dokumentieren. Die Bezüge der staatlichen und kirchlichen Institutionen sind allerdings auf Getreide und Wein fixiert und lassen keine Rückschlüsse auf den Zustand der Milchwirtschat, die Obst- und Gemüse sowie der Sammelwirtschaft zu.
Der Nachteil am Getreidezehnt ist die Fixierung auf eine Sorte. So kann es sein, dass z.B. Hafer ausschließlich für die Abgabe an den Grundherren angebaut wurde, für den Eigenverbrauch bzw. den kleinen Anteil am Markt wurden ertragreichere Sorten verwendet. Das macht es dem Betrachter nicht leichter, die richtigen Schlüsse zu ziehen, wiegt aber umso schwerer, wenn die Sorte des Zehnt verändert wurde.

Daneben nutzen Urkunden, Reiseberichte, Karten und Gemälde, den Zustand der Landschaft bildlich wiederherzustellen.

[68] BEHRINGER S. 138
[69] KÜSTER S. 249

Es liegt auf der Hand, das zunächst und vor allem Siedlungen in ungünstigen Lagen aufgegeben wurden. Das trifft auf Areale zu, die in großen Höhen liegen oder durch Trockenheit bzw. schlechte Böden zweite Wahl waren.[70] Neben den aufgeführten Wüstungsursachen, die mit dem Klima hervorragend im Einklang stehen, müssen weitere Umstände einbezogen werden, wie sie für diese Zeit charakteristisch waren. „Der starke Rückgang der Bevölkerungsziffer macht ohnedies das Verschwinden vor Ortschaften erklärlich. Es hat sich indessen herausgestellt, dass ungleich mehr Dörfer schon in den voraufgehenden Jahrhunderten eingegangen sind, und dass der Dreißigjährige Krieg jedenfalls nur einen Bruchteil an Wüstungen beigesteuert hat."

Ab dem 15. Jahrhundert verzeichnen die Städte einen ernormen Zulauf aus dem Umland. Das, was wir als Urbanisation zusammenfassen, lebt von dem natürlichen Bevölkerungswachstum aber auch durch Migration[71]. Die neue Lebensweise in den Städten dürfte das sein, was bis heute in Entwicklungsländern anziehende Wirkung ausübt. Dazu kommt das so genannte Bauernlegen mit dem entstehen der Gutshöfe, die die eingespielten Dörflichen Strukturen auf der anderen Seite gefährdeten.

Durch die Verarmung der Bürger wurde die Nachfrage an Landwirtschaftlichen Produkten geringer, die Fruchtpreise sanken und erschwerten es den verbliebenen Bauern, sich wirtschaftlich aufzuraffen.

Der steigende Mangel an Jagdrevieren sorgte zumindest bei einigen Landesherren dafür, dass durch Krieg wüst gefallene Dörfer nicht mehr bewirtschaftet wurden, um die Ausbreitung des Waldes zu fördern. [72]

Die folgenden Extensivierungserscheinungen lassen sich vor diesem Hintergrund vollkommen neu interpretieren: In der Erntezeit machte sich in den betroffenen Gebieten beim Adel Arbeitskräftemangel breit, so dass besonders auf den schweren Böden[73] des nördlichen Jungmoränengebietes in Schleswig, Holstein, Mecklenburg und Vorpommern. Die kleingliedrigen Gewannflure wurden in großem Stil bereinigt. Die enstehenden großflächigen „Koppeln" wurden aufgrund des Holz- und Arbeitskräftemangels aus lebenden Buschwerk begrenzt.

---

[70] „Ein weiterer Grund für die Entstehung von Wüstungen war die Ungunst der geographischen Lage, sei es dass diese durch klimatische Verhältnisse oder durch zu schlechten Boden sich bemerkbar machte. Besonders im Walde oder auf rauen Gebirgen angelegte Orte hatten hierunter zu leiden und wurden deshalb verlassen.

[71] „Je mehr Städte aufkamen, desto mehr Dörfer wurden verlassen" KRETSCHMAR. S. 540

[72] z.B. am Fläming südlich von Berlin. Der Holzmangel ist als Problem zwar erkannt worden, doch

[73] Aufwendige und schwere Bearbeitung vorausgesetzt, wäre nur eine arbeitsintensive Bewirtschaftung möglich.

„Die bedeutendste Folge des Krieges (30j.) war die Abnahme der bebauten Fläche"[74], So dass viele Äcker anfingen, sich erneut zu bestocken.

4.2. Mensch und Boden

Zu Beginn der kleinen Eiszeit und auch am Ende des 17. Jahrhunderts „erwiesen sich die höherwertigen Getreidesorten als anfällig gegenüber Feuchtigkeit und Winterkälte"[75]. Besonders der trockene Wärme liebende Weizen wurde aus den nördlichen Regionen Europas vollkommen verdrängt, da sich die gefürchteten „grünen" Jahre mit ihm häuften, also das Getreide nicht ausreifte.

Als Sommerfrucht eignete sich besonders der Hafer, der als „Rettungsanker" in ungünstigen Perioden galt. Er ist ausgesprochen anspruchslos, bedarf aber einer längeren Vegetationsperiode. Im Winter musste man auf den Dinkel zurückgreifen, denn die stärkere Neigung der Ähren verhilft der Frucht über feuchte Sommer hinweg indem die das Korn leichter trocknete.

Durch die Wahl des Dinkels versuchte man die Verluste in Ernte und vor allem auch der Lagerung so gering wie möglich zu halten. Die Lagerfähigkeit war höher, da das Korn rascher am Halm trocknete und entsprechend trocken eingebracht werden konnte.

Eine weitere Möglichkeit, von der gebrauch gemacht wurde ist die Einsaat von Mischkorn. Bei einer Mischung aus Roggen und Weizen war man gegen einen nassen Herbst und strenge Winter (Roggen) bzw. gegen ein schneereiches Frühjahr (Weizen) abgesichert. Diese Variante half, das Risiko zu streuen und belegt die Not der Frühneuzeitlichen Bevölkerung. Der Roggen bot zudem auf minderwertigen Böden vergleichsweise bessere Erträge.[76]

Neben den Auswirkungen auf den Ackerbau war in besonderem Maße die Viehwirtschaft anfällig.[77] Erstens musste das Vieh aufgrund der kürzeren Vegetationsperiode[78] länger im Stall gefüttert werden. Der Almauftrieb kam für die wenig erholte Vegetationsdecke durch

---

[74] KRETSCHMAR S. 543 „schon einige Jahre danach konnte der frühere Zustand wiederhergestellt werden, wenn auch nicht in der ganzen Ausdehnung". Sicher muss diese Feststellung auf Günstige lagen beschränkt werden.
[75] BEHRINGER S. 130f.
[76] LAMB S. 223 f.
[77] PFISTER S. 83 Hypothetische Konsequenzen der Klimaverschlechterung im späten 16. Jahrhundert.
[78] LAMB S. 223 spricht von etwa 2-3 Wochen.

das Knapp werden der Raufuttervorräte gezwungener Maßen zu früh. Die Bauern hatten keine andere Möglichkeit, wahrscheinlich sind während der Wintermonate Tiere verhungert, weshalb die Rinder sukzessive durch die Ziege substituiert wurden, denn diese ließen sich verlustärmer „durchhungern“.

Lamb[79] beschreibt die Aufgabe von Getreide in vielen Gebieten und den Ersatz durch die stark nachgefragte Wollproduktion.

Die tief liegende Schneegrenze verkleinerte zusätzlich die Weideflächen in den Hochgebirgsvorländern.[80] In Verbindung mit den feuchten Sommern waren Schäden an der Grasnarbe vorprogrammiert, was einer weiteren Verknappung des Futtervorrates gleichkam.

Wie oben schon erwähnt waren weite Teile der Wälder ohne schützende Grasdecke, so dass das geringe Retentionsvermögen zusammen mit den stark ausfallenden Niederschlägen Überschwemmungen forcierte. Die betroffene Population an Nutztieren verschmälerte sich nach Seuchen, die durch verunreinigtes Trinkwasser hervorgerufen wurden oder selbstverschuldet durch die Fütterung von verdorbenem Heu.

Behringer[81] vermutet außerdem, dass die Abnahme des Kräuterbestandes der Almwiesen negative Folgen für die Gesundheit des Viehs, ihre Milchleistung und die Qualität der Milchprodukte hatte.

Die Überlebenden Tiere riefen im Nachhinein dennoch eine Verringerung der Bestände[82] hervor, da sie nicht mehr reproduktionsfähig waren, da deren Körper den Stoffwechsel auf „Überleben“ eingestellt habe. Hier sind nicht zuletzt sie Menschen aus Unwissenheit Opfer von Lebensmittelverknappungen und auch dem Eingang von ganzen Beständen geworden.

Wenn ein Hektar Weidefläche pro Jahr hypothetisch 10 Tonnen Grünfutter abgibt, eine Kuh genau 250 kg für ihren Selbstbehalt benötigt, und 250 kg für die Milchmenge, die sie geben könnte, wäre der Schlüssel also 20 Kühe pro Hektar, Obwohl 40 Kühe überleben könnten.

Da die freiwillige Dezimierung des zu hohen Viehbestandes der auf Versorgungssicherheit ausgerichteten Menschen nicht praktiziert wurde, stellte man die maximal mögliche Anzahl an Vieh auf die Flächeneinheit. Bei diesem ungünstigen Verhältnis war der Nutzeffekt in ungünstigen Jahren entsprechend schlecht, ja führte bei anhaltend schlechter Witterung zur Dezimierung der Bestände und vor allem zu Düngermangel, der wiederum negativ in den Ernährungshaushalt der Menschen sowie der Tiere einwirkte.

---

[79] Ebd. S. 223

[80] „Einzig für den hochalpinen Bereich wissen wir, dass die Baumgrenze sank und hochgelegene Almen aufgegeben werden mussten.“ BEHRINGER S. 131

[81] Ebd. S. 131

[82] Ähnlich zeichnet Behringer die Situation in Norwegen, swo 1693 und 1702 die Überflutungen der Wiesen so stark waren, dass die Bauern nur die Flucht ergreifen konnten und Distrikt für Distrikt die Zahl der Nutztiere zurückging. BEHRINGER S. 138

Diese Kausalkette, die Christian Pfister 1985 entwickelt hat[83] führt in ihrer Konsequenz als zweiter negativer Faktor neben der Nährstoffauswaschung zu sinkenden Flächenerträgen, die mit der Ausdehnung des Ackerlandes beantwortet wurden.[84] Im Kanton Zürich wurde nachweislich Grünland in Ackerland umgewandelt. Das Verhältnis sank zwischen 1579 und 1614 von 25:75 auf 33:66[85]

Es ist wahrscheinlich, dass der Prozess der Allmendeteilung besonders in den Krisenjahren beschleunigt wurde, denn es musste eine gewisse Bereitschaft der Gemeinde bzw. des Dorfschulzen vorhanden sein. Am ehesten während der Hungerjahre.

5. Schlussbetrachtung

Meine Ausgangsfragestellungen waren vielschichtig: Wie hat der in seiner Umwelt tätige Mensch sein landwirtschaftliches Verhalten an die sich verändernden Bedingungen angepasst?

Neben dieser Hauptfrage traten neue Perspektiven hinzu: Die Population hat sich während der klimakennzeichnenden Phasen vor und während der Kleinen Eiszeit angepasst und dadurch nur indirekt vom Klima abhängige Bewirtschaftungsformen erzeugt. Mit dem menschlichen Wirken in der Landwirtschaft waren geomorphologisch ungünstige Nebenerscheinungen verbunden, die interessanter Weise hauptsächlich während der humanölologisch optimalen Klimaphasen eintraten. Viele dieser Veränderungen drohten der landwirtschaftlichen Produktion in einer direkten Rückkoppelung gefährlich zu werden.

Krisenbehaftete Zeiten wirkten sich dagegen positiv für die beanspruchte Natur, insbesondere den Boden und den Waldbestand aus und formten so den Grundstein für erneute Kultivierungen.

Es hat sich bestätigt, dass der Mensch vor 1800 sehr abhängig von klimatischen Einflüssen war. Das Hauptproblem der Zeit war aber nicht das relative Temperaturdefizit von bis zu 2 K

---

[83] Ebd. (II) S. 83

[84] Die hohen Getreidepreise und die Tatsache, dass in Notzeiten möglichst viel Nahrung auf einer möglichst geringen Fläche produziert werden musste, mögen die handelnden Akteure in der Landwirtschaft dazu bewogen haben.
ABEL 1972 S. 38 # (gefunden in Pfister (II) S. 84

[85] PFISTER „Klima der Schweiz … Band II" nach Sigg 1974:7 S. 84

sondern einzelne Extrema, die die Kontinuität in der Versorgung erschütterten. Geringe Puffermöglichkeiten und kontraproduktive Reaktionen des Menschen verstärken die Notsituation, so dass demographische Einbrüche folgten.

6. Literatur

Primärliteratur:

Abel, Wilhellm: Massenarmut und Hungerkrisen im vorindustriellen Deutschland. Kleine Vandenhoeck-Reihe. Göttingen. 1972

Behringer, Wolfgang: Kulturgeschichte des Klimas. Von der Eiszeit bis zur globalen Erwärmung. Bonn 2007

Bork, Hans-Rudolf (u.a.):   Landschaftsentwicklung in Mitteleuropa. Wirkungen des Menschen auf Landschaften. Gotha. 1998

Kretschmar, Konrad: Historische Geographie von Mitteleuropa. Osnabrück. 1964
Küster, Hansjörg: Geschichte der Landschaft in Mitteleuropa. München 1995

Lamb, H.H.: Klima und Kulturgeschichte. Der Einfluß des Wetters auf den Gang der Geschichte. Hamburg. 1989

Pandel, Hans-Jürgen: Gestalten und Zerstören. Neue Blicke auf die Umweltgeschichte. In: Geschichte aus erster Hand.

Pfister, Christian: Bevölkerung, Klima und Agrar-Modernisierung 1525-1860. Das Klima der Schweiz von 1525-1860 und seine Bedeutung inder Geschichte von Bevölkerung und Landwirtschaft. Academica helvetica. Bern 1985

Pfister, Christian: Dürresommer im Schweizer Mittelland seit 1525. Unterlagen zum OcCC/ProClim- Workshop vom 4. April 200 in Bern.

Pfister, Christian: Haushälterischer Umgang mit Boden. Erfahrungen aus der Geschichte. Bern. 1986

Woithe, Franka: Untersuchungen zur postglazialen Landschaftsentwicklung in der Niederlausitz. Kiel 2003

Weiterführende Literatur:

Abel, Wilhelm: Geschichte der deutschen Landwirtschaft vom frühen Mittelalter bis zum 19. Jahrhundert. Stuttgart. 1962

Cipolla, Carlo M.; Borchardt, Knut (Hrsg.): Bevölkerungsgeschichte Europas. Mittelalter bis Neuzeit. München. 1971

Kucharski, Hildegard: Beiträge zur Landwirtschaftsgeographie der Lausitz. Berliner geographische Arbeiten. Berlin 1949

Mager, Friedrich: Geschichte des Bauerntums und der Bodenkultur im Lande Mecklenburg. Berlin 1955

7. Anhang

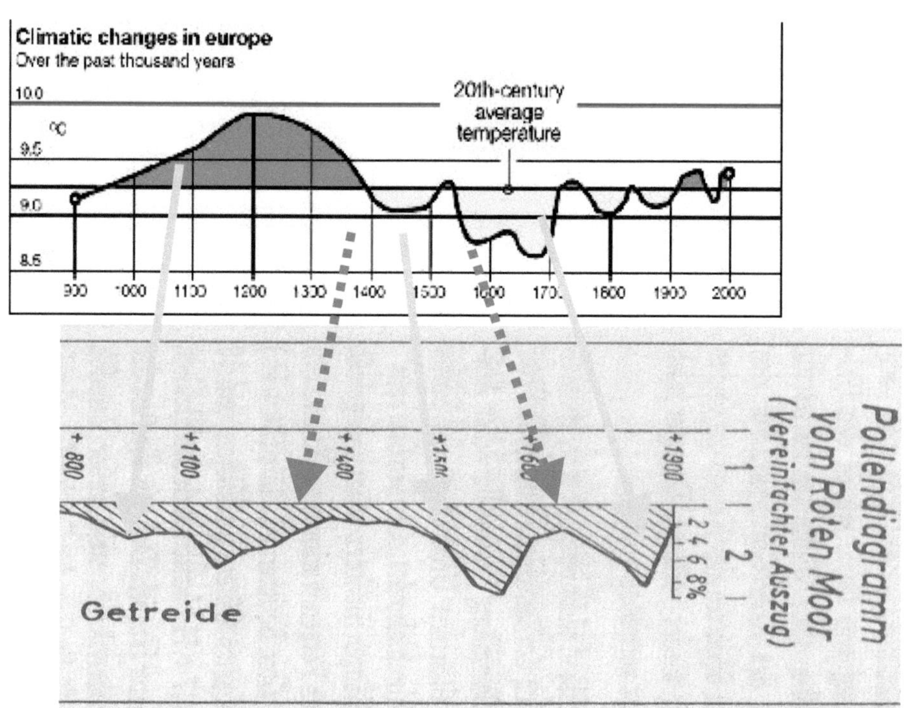

Bild oben:

http://www.ashevilletribune.com/asheville/global%20warming/Global%20Warming%20DM%20Main%20Story%20March%2031%20Update_files/image009.jpg

Bild unten:

http://www.mittelalter.uni-tuebingen.de/files/images/rotesmoor.preview.jpg